米莱知识宇宙

启航吧
知识号

孩子也能懂的
计算机科学

米莱童书 著 / 绘

北京理工大学出版社
BEIJING INSTITUTE OF TECHNOLOGY PRESS

推荐序

　　计算机是什么时候诞生的？怎样的设备才能叫计算机？当你思考这些问题的时候，就会发现计算机其实已经"无处不在"了！在不到一百年的时间里，计算机科学生根发芽，迅速地长成了根深叶茂的大树，深深扎根于人类社会的生产和生活当中。它稳固而有力，既为人们的日常生活提供了极致的便利，也推进着社会的自动化和智能化，更为科学家的极限探索提供了不可或缺的帮助。

　　人类想要走得更远，计算机是离不开的帮手。好好地认识这个帮手，对于小朋友的未来极有帮助。

　　《启航吧，知识号：孩子也能懂的计算机科学》将带领孩子们一起探索这棵大树，让可爱有趣的主人公为我们一点点展现奇妙的计算机世界。它们既介绍计算机基础知识，也直击纳米芯片、5G、大数据、量子计算机等当前热点，将大众印象中非常高深和枯燥的理论轻松、有趣地表达出来，用寓教于乐的方式加深小朋友对于计算机的整体认识。

　　希望这本书能真正激发小读者对于计算机科学的兴趣，为我国在这一领域进一步迅猛发展提供人才动力！

郑纬民

中国工程院院士

目录

无处不在的计算机

目录

超级算力的秘密

流动的数据

01

无处不在的计算机
IT'S COMPUTER

忙忙碌碌的计算机

大家好，我是**小芯**！

我是计算机内非常重要的一部分，相当于计算机的大脑。

计算

数据调用

视频

图片

音频

数据存储

抱歉，大家得稍等一会儿！我有点忙。

人类需要计算机

数学问题 从以物易物的时代就存在了。

人类总是有很多事物需要计算！

随着社会发展，需要计算的东西越来越多，问题越来越复杂。

人类发明了很多用于辅助计算的器具！

象牙算筹

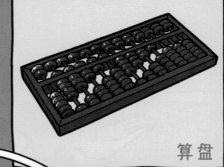
算盘

帕斯卡加法器

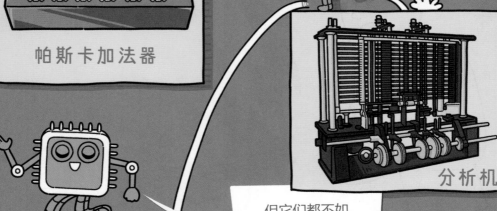
分析机

但它们都不如计算机好用。

比速度

第一局

一年级小学生一般一分钟能算十多道加法题。

第一代计算机，一分钟能算 30 万次加法！

现在，智能手机的运算速度能达到一分钟几十万亿次！

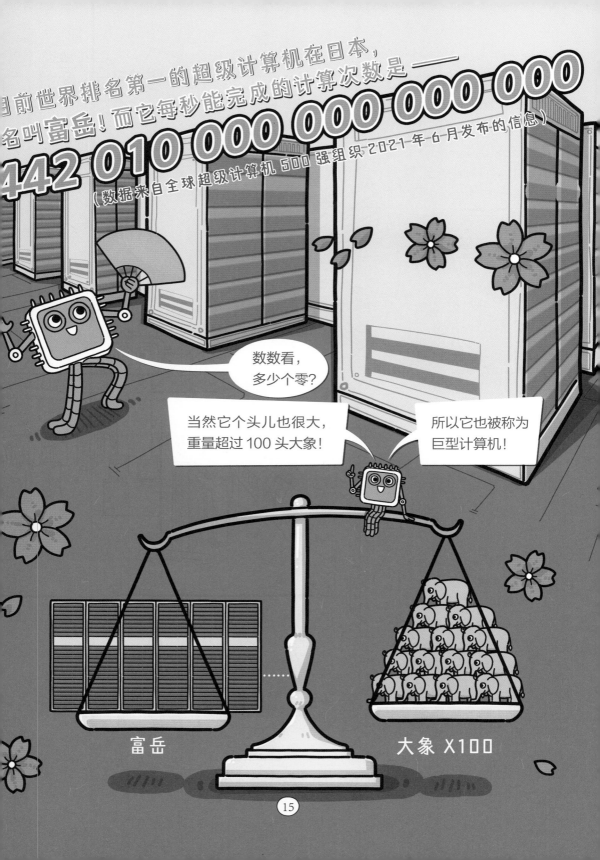

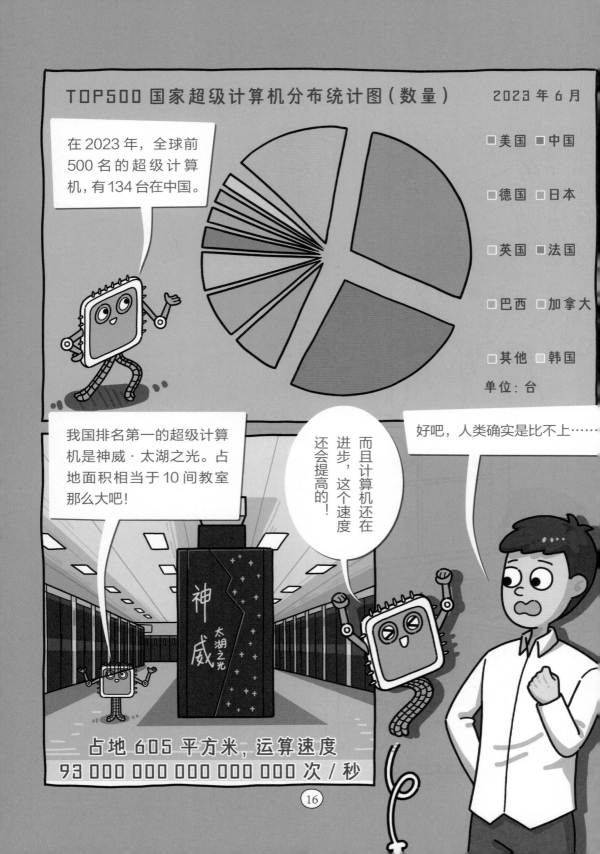

比耐力

接下来我们比耐力！

第二局

人类的大脑非常灵活，而且富有创造性。

这一点计算机是比不上的。

但是时间一久，就容易走神。

人类还需要足够的放松和睡眠，状态才会好。

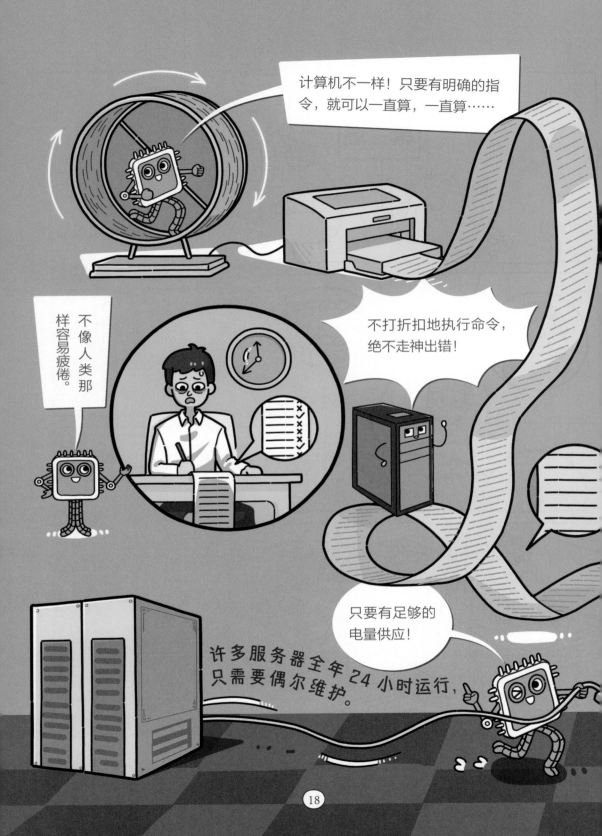

比容量

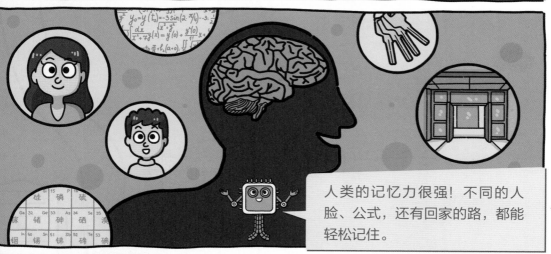

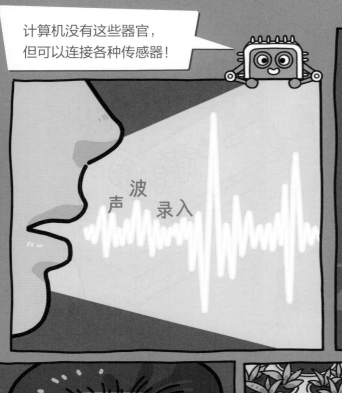

计算机没有这些器官，但可以连接各种传感器！

声波录入

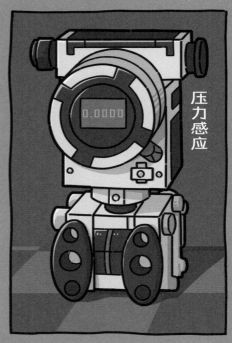

压力感应

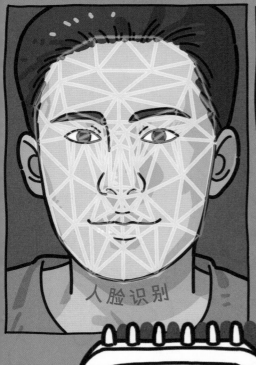

人脸识别

湿度感应

它们可以收集声音、图像等信息，转换成电信号，传送给计算机！

23

比形态

第五局

计算机的形态有很多种！

那我们每个人长得也都不一样。

我皮肤黑！

我个子高！

我们都有两只手、两条腿！

一个鼻子、一张嘴！

人类虽然长得不一样，但是形态变化不大。

我才是计算机！

我才是计算机！

我才是计算机！

我才是计算机！

我才是计算机！

我才是计算机！

可计算机的样子却有天壤之别。

计算机有手机、笔记本和台式机等常见形态。

也有像超级计算机这样的大个子。

它还能变得特别小，小到能植入动物或人的体内！

微芯片可以记录被植入者的各种数据。

编号：xxx
年龄：5 岁
体温：正常
今日产奶量：正常

无处不在的计算机

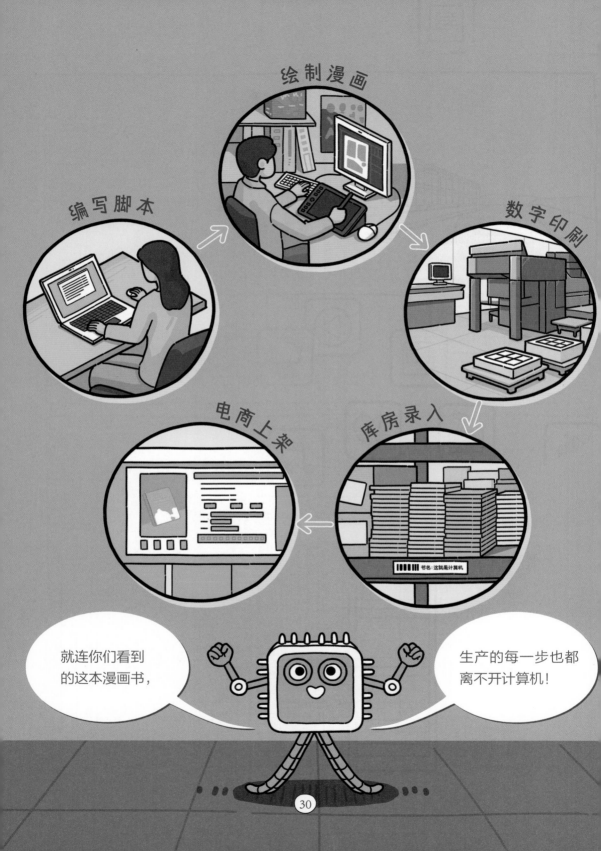

超级巨无霸

分布在各地的计算机产生了大量的数据。

为了存储和传输它们，计算机进化出了超级巨无霸形态——数据中心。

工作、社交、生活、娱乐……只要你使用网络，就会上传和下载数据。

网络公司会把这些数据存储在服务器里！

存放这些服务器的地方, 就叫作数据中心。

毕竟，这些网络公司需要同时为
几亿人提供服务。

你发出的图片、视频、语音等各种文件，
都是由它们来存储和处理的！

有些网络公司的数据中心
甚至分布在世界各地！

人们也不用担心自己的手机运算能力不够。

数据中心会通过云计算功能派出很多服务器来帮忙!

艰难的任务,经过服务器拆分,计算,再组合,就顺利完成了!

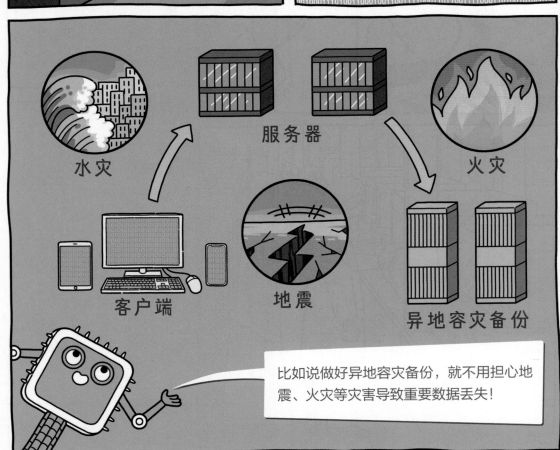

38

计算机可能是目前为止，人类发明的最好用的工具。

在帮助人类的过程中，计算机也在一天天变得更聪明、更高效！

虽然在许多方面，计算机已经替代甚至超过了人类；但我始终记得，是人类无与伦比的智慧创造了计算机。

关于计算机，还有……

第一台计算机是什么时候诞生的？

计算机真正成型的过程还挺长的，所以很难定义"第一台计算机"。不过公认的第一台通用电子计算机是1946年诞生于美国宾夕法尼亚大学的"ENIAC（埃尼阿克）"。

学习计算机很难吗？

计算机逐渐深入人类的生产生活，计算机科学现在也已经是分支繁多的庞大学科门类。不过不用担心，现在有很多专门针对儿童的编程课和编程游戏。"千里之行，始于足下"，重要的是迈出第一步。坚持每天进步一点，成为计算机高手并不难！

计算机的种类有很多吗？

计算机可以从不同的方面来分类。如果按体型来分，可以分为巨型计算机（超级计算机就属于这个级别）、大型计算机、小型计算机、微型计算机和移动终端等。如我们常用的台式机就属于微型计算机，而笔记本电脑、平板电脑、智能手机和智能手环等属于移动终端设备。

按用途来分，可以分为通用计算机和专用计算机。通用计算机可以根据需求安装各种程序，而专用计算机的程序是固定的，只用于解决某些特定问题，比如工厂里控制关键生产过程的计算机。

此外，计算机还可以按处理信息的模式、使用的主要部件等来分类。

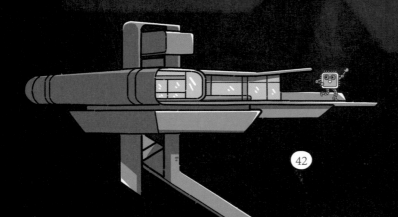

超级算力的秘密
IT'S COMPUTER

欢迎来到我的身体里

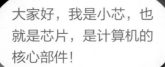

大家好，我是小芯，也就是芯片，是计算机的核心部件！

猜一猜我现在站在什么上面？

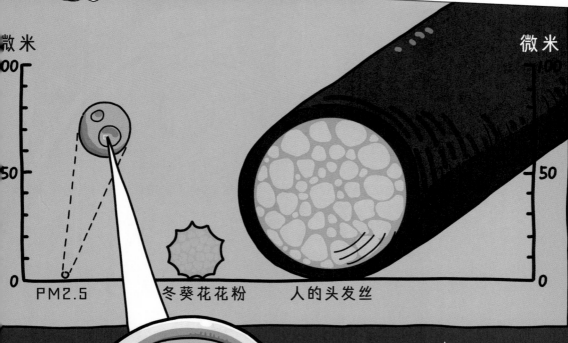

为什么我要变得这么小呢？因为要带你们来看看我的身体里面！

变小以后，实际的芯片看起来有这么大！你可以看到里面有很多微小的电路，晶体管是这些电路的重要组成部分。

怎么样，是不是很壮观？

从 0 和 1 开始

用1代表电路联通。
用0代表电路断开。

◎ 和1就是整个计算机世界的基石！

用单个晶体管，就能完成简单的控制。

比如电灯开关。

当晶体管变多，就可以通过各种组合，进行简单运算。

就像下面这样，进行两个二进制数的加法运算。

我输入第一个数，电路联通，1！

1

1

第二个数，也是1！

个位

进位

1

$1+1=10$

个位的灯泡没有亮，代表个位为0；进位的灯泡亮了，代表进位为1。

在二进制中，1+1正好等于10！

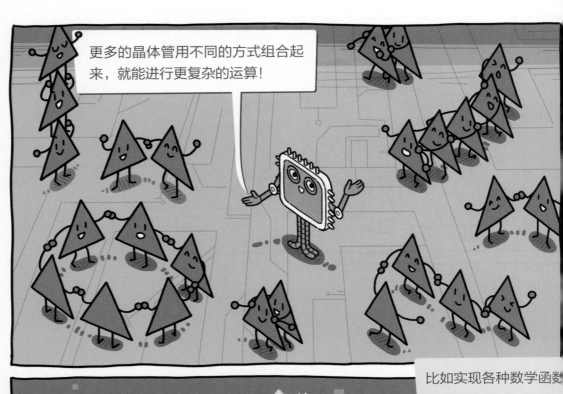

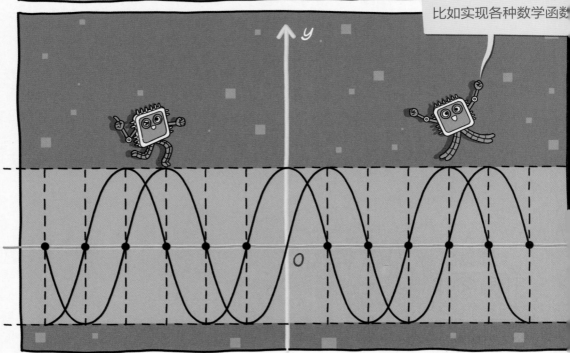

奇特的硅晶体

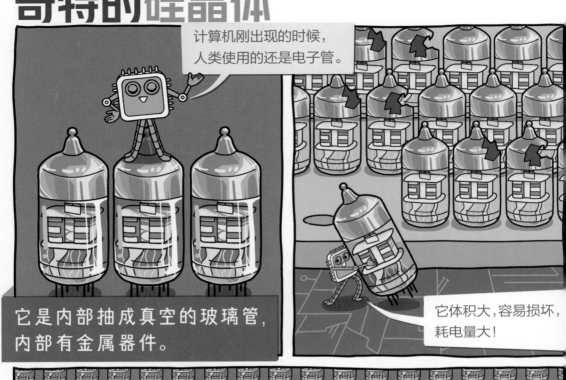

计算机刚出现的时候，人类使用的还是电子管。

它是内部抽成真空的玻璃管，内部有金属器件。

它体积大，容易损坏，耗电量大！

想想一万多个这种大家伙放在一起，得占多大地方！

想要让计算用的电路变小、装得更多，就需要新材料！

二进制运算和单向导电材料是高效搭配的，但单向导电是一种难得的特性。

要么是导体，可以很容易地实现双向导电。

自然界中的物质，要么是绝缘体，不容易导电。

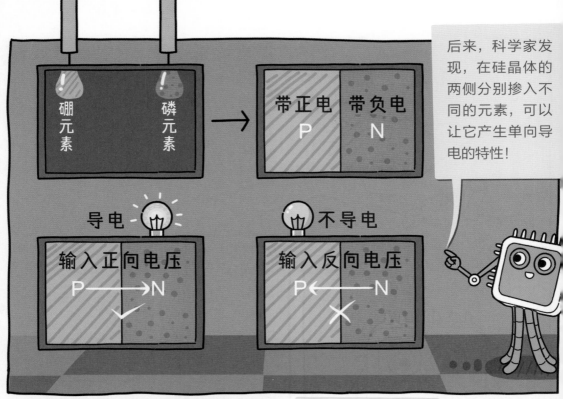

后来，科学家发现，在硅晶体的两侧分别掺入不同的元素，可以让它产生单向导电的特性！

硼元素　磷元素　→　带正电 P　带负电 N

导电　输入正向电压 P→N ✓

不导电　输入反向电压 P←N ✗

这种人造的单向导电材料，就被称为半导体啦！

半导体制成的电子元件，就是晶体管。

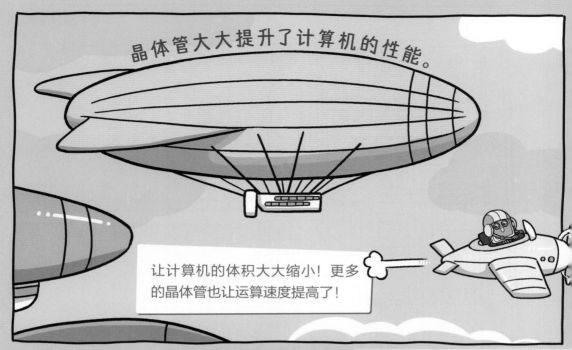

晶体管大大提升了计算机的性能。

让计算机的体积大大缩小！更多的晶体管也让运算速度提高了！

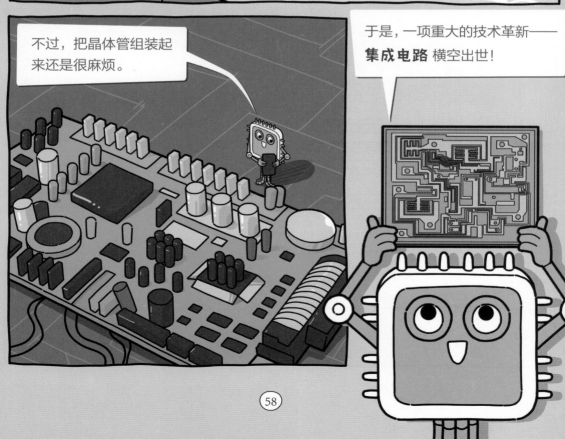

不过，把晶体管组装起来还是很麻烦。

于是，一项重大的技术革新——**集成电路** 横空出世！

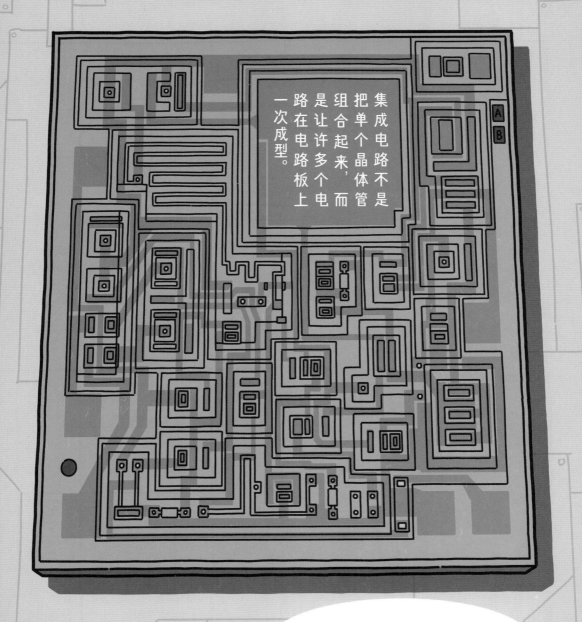

集成电路不是把单个晶体管组合起来，而是让许多个电路在电路板上一次成型。

就像印刷一样，直接把设计好的电路印刷在原材料上！

这项技术出现后，我才真正诞生了！

你知道摩尔定律吗?

接下来,人类就开始专心致志地做一件事——往我的身体里塞入尽可能多的晶体管!

晶体管开始以惊人的速度变小。

10000 纳米

5 纳米

晶体管尺寸从 1971 年的 10 微米(10000 纳米)缩小到 2020 年的 5 纳米。

我身体里的晶体管数量从 2250 个,变成现在的 160 亿个!

160 亿

2250

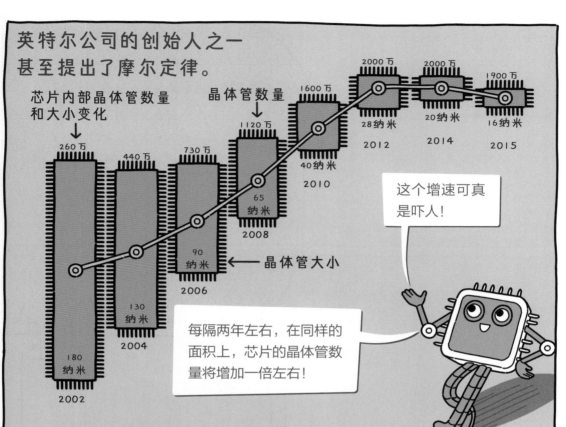

英特尔公司的创始人之一甚至提出了摩尔定律。

芯片内部晶体管数量和大小变化

晶体管数量

260万
180纳米
2002

440万
130纳米
2004

730万
90纳米
2006

1120万
65纳米
2008

1600万
40纳米
2010

2000万
28纳米
2012

2000万
20纳米
2014

1900万
16纳米
2015

← 晶体管大小

每隔两年左右，在同样的面积上，芯片的晶体管数量将增加一倍左右！

这个增速可真是吓人！

30年前的超级计算机，每秒运算次数是10亿或是百亿级别。而现在小小的手机，每秒运算次数是万亿级别！

100

更多晶体管，更快的速度！

晶圆与光刻机

我的制造过程很复杂，但是原料很容易获得。

我的原料其实是沙子！没想到吧？

这就是纯净的硅晶体！

石英砂经过多次提纯之后，形成圆柱形的硅锭。

把圆柱形的硅锭打磨之后切成薄片，就是晶圆，又称圆片。

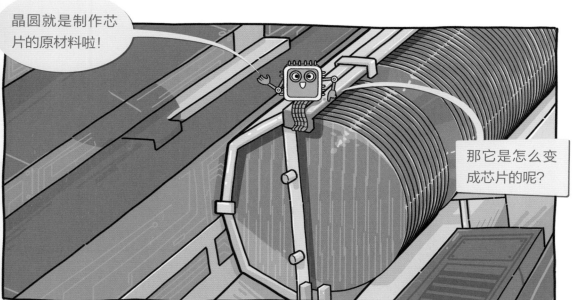

你玩过手影游戏吗？

经过灯光照射，手做出的形状会被放大，投影到白墙上。

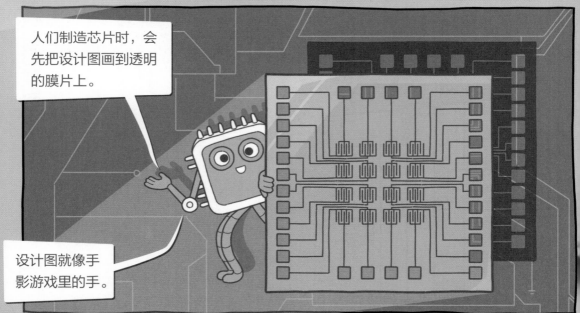

人们制造芯片时，会先把设计图画到透明的膜片上。

设计图就像手影游戏里的手。

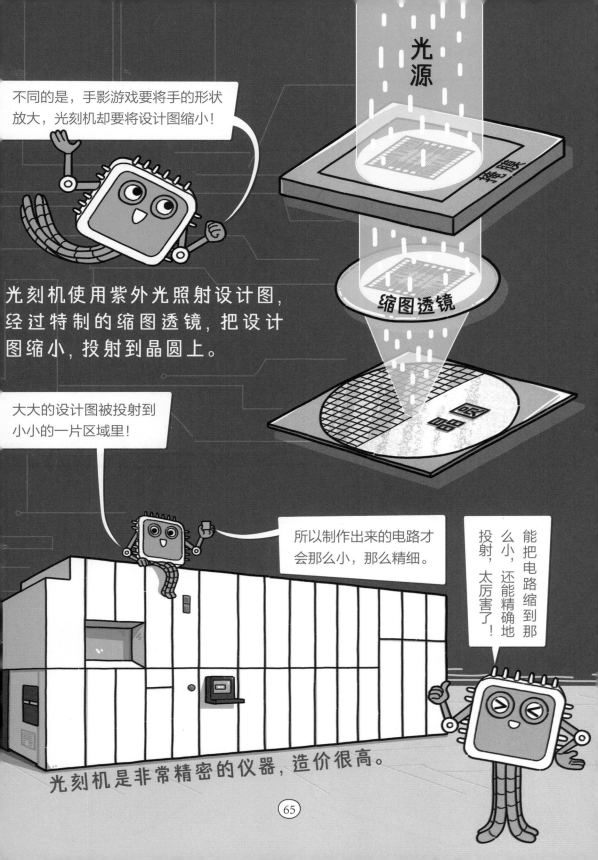

不同的是，手影游戏要将手的形状放大，光刻机却要将设计图缩小！

光源

掩膜版

缩图透镜

光刻机使用紫外光照射设计图，经过特制的缩图透镜，把设计图缩小，投射到晶圆上。

大大的设计图被投射到小小的一片区域里！

所以制作出来的电路才会那么小，那么精细。

能把电路缩到那么小，还能精确地投射，太厉害了！

光刻机是非常精密的仪器，造价很高。

晶圆的表面会涂布一层感光材料。

感光材料随图纸形状分解，电路图就被"画"在了晶圆上！

接下来还要经过一系列物理和化学工序，晶圆里才能真正形成电路。

浸泡药水

高温处理

离子注入

电路形成后的晶圆会进行切割，一片晶圆可以制作很多芯片。

切割好的芯片还需要进行检测！

芯片检测过关就被封装起来。

封装完的芯片通过性能测试，就是一块合格的芯片啦！

要经过重重复杂的工序，我才能诞生。

所以我真的是智慧的结晶啊！

芯片大家族

一台计算机就像一个信息加工厂，我们芯片家族就是重要的生产者。

主机里安装着许多芯片和设备。

想知道我平时是怎么工作的吗？

那打开这个机箱看一看吧！

看，很复杂吧？

我是主板！重要的芯片都在我身上。

看见中间这个芯片了吗？这位就是我们芯片家族中最引人注目的成员——CPU。

CPU，也就是中央处理器，负责运算和控制。

作为计算机的运算核心，CPU 的晶体管数量超多！

运算频率也超高！

虽然 CPU 很重要，但单打独斗可不是我们的习惯。一台计算机需要的芯片可不少！

我是内存！主要负责存储指令！

我主要负责处理图像！

显卡

不止是芯片

我们芯片家族是一个和谐的大家族，我们分工合作完成各种复杂任务。

但要构建各种各样的计算机，只有芯片是不够的！

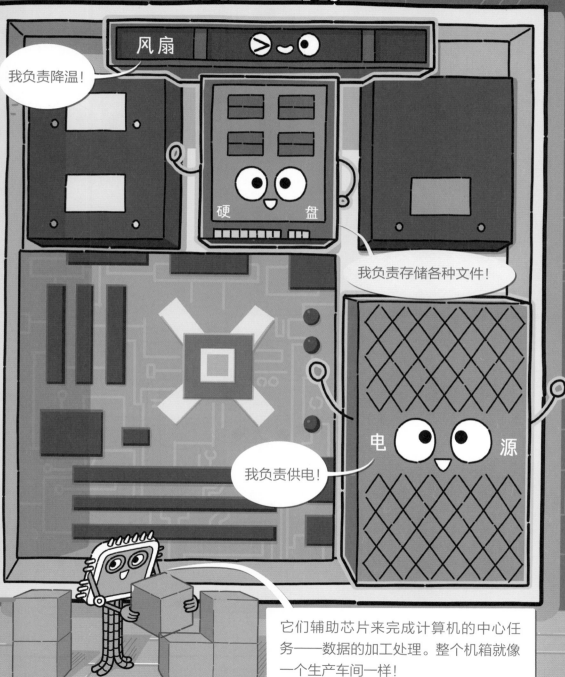

计算机作为"信息加工厂",不仅需要生产车间,还需要其他部门!

生产原料由各种输入设备来提供。

键盘和鼠标负责输入人类指令。

你还可以给它接入更多的输入设备。

比如收集声音的麦克风。

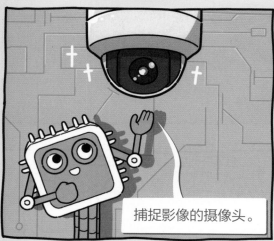

捕捉影像的摄像头。

还有手写板。

就像给加工厂运送原材料一样！

关于芯片，还有……

芯片都是硅制作的吗？

最早的集成电路使用的是另一种原材料——锗。连最早的晶体管也是锗制成的。但是锗在自然界的储量稀少又分散，不易获得，还有不耐高温的弱点。相比之下，硅更容易获得，经过处理之后会拥有许多特别的化学特性，能适应制造集成电路的需求，所以成了制作芯片的主流材料。美国最早研究和生产硅材料芯片的地方就叫作"硅谷"，是闻名世界的高新技术区。

为什么要叫"晶圆"呢？

目前的主流技术是将硅晶体的晶种掺入高温熔化的液体硅中，再旋转拉出，制造纯净的硅晶体。所以这些硅晶体原材料都是圆柱体，经过切割之后就是圆圆的一片。晶圆有多种规格，直径从4英寸（10.16厘米）到12英寸（30.48厘米）。晶圆的面积越大，单片晶圆能制造的芯片就越多，生产效率也就越高。目前高端芯片大多使用直径12英寸的晶圆。

为什么不能把芯片做大点？

这是因为越小的晶体管反应速度越快，消耗的能量也越少。单纯增大面积并不能提高芯片的性能，所以减小面积、增加晶体管数量是芯片一直以来的发展方向。而且芯片越小，单片晶圆能够制造的芯片就越多，也能提高生产效率。

卫星

在线支付

预测天气

在安全领域里，它也非常可靠。

扫一扫二维码并提交相关信息，数据流就会记录人们的活动轨迹。

一旦发生疫情，就能快速定位危险区域和危险人群，保护大家的健康和安全！

行程记录

会变身的数据

它能变成各种文字和符号。

也能变成各种图像和视频。

▷ 00:02 / 02:17

数字时代

我的名字来自英文单词 bit，中文名叫作比特。

代表单个的 0 或是 1。

你一定很好奇，简单的 0 和 1，怎么能这么厉害？

因为我们的组合足够多，而且能够用不同方式来展现自己！

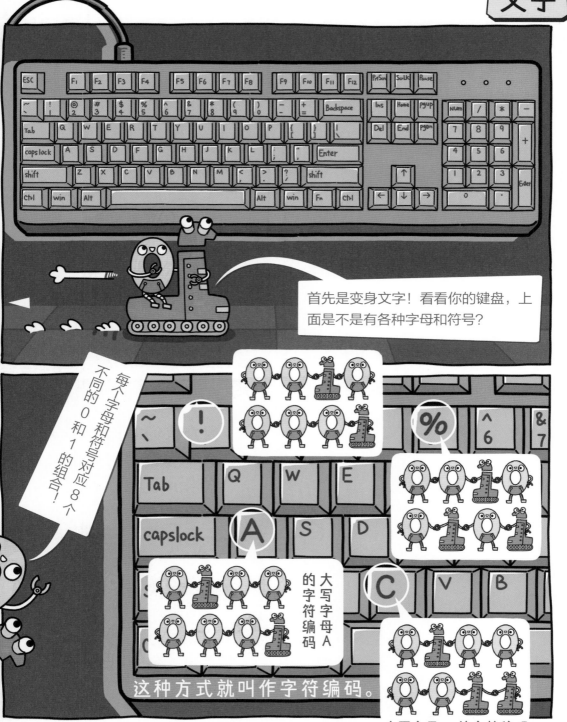

首先是变身文字！看看你的键盘，上面是不是有各种字母和符号？

每个字母和符号对应 8 个不同的 0 和 1 的组合！

大写字母 A 的字符编码

这种方式就叫作字符编码。

大写字母 C 的字符编码

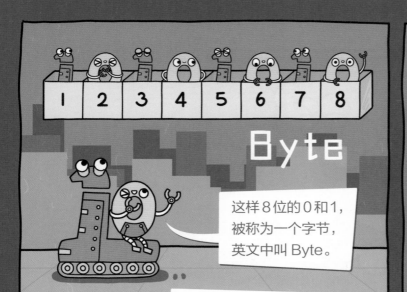

Byte

这样8位的0和1，被称为一个字节，英文中叫 Byte。

汉字要复杂一点，它需要更多的0和1！

就像这样！

B

Byte
被简写为 B。

计算机

10111100 11000110

11001011 11100011

10111011 11111010

和 1 又是怎么变成图片的呢？

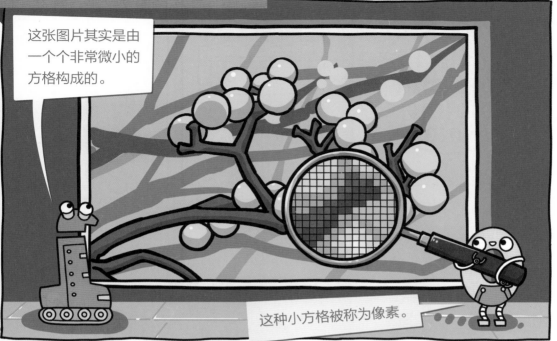

这张图片其实是由一个个非常微小的方格构成的。

这种小方格被称为像素。

低像素图片显示的效果大概是这样的。

大多数高清图片包含以千万计的像素。

这样画面就非常清晰和细腻啦！

接下来是变身声音！

大家都知道，声音是由物件振动而产生的！

麦克风会收集这种振动，用电流强度表现出来！

就像这样！

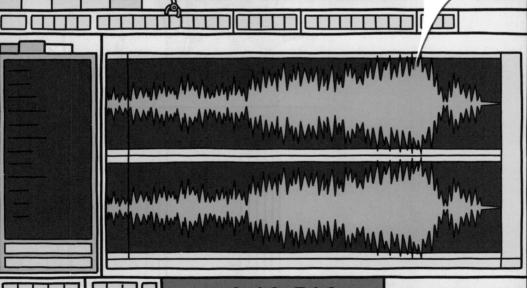

0:13.719

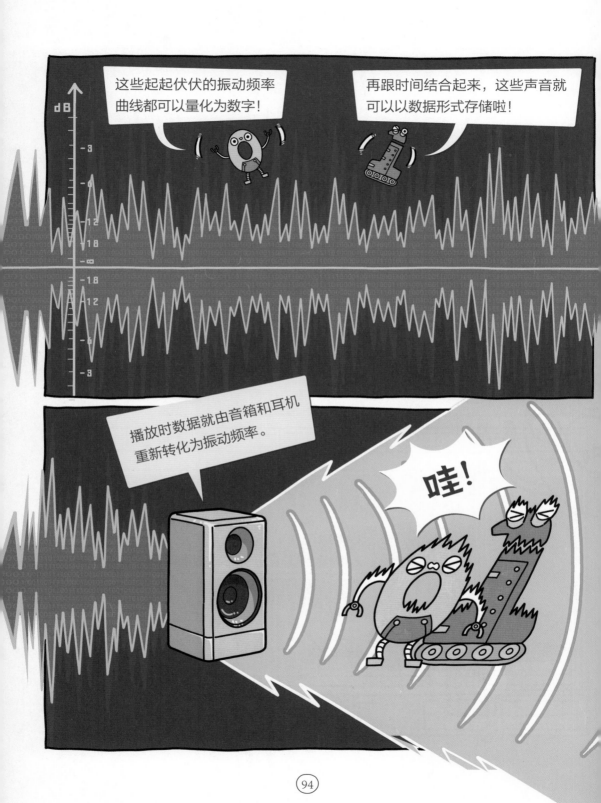

会流动的数据

神奇的大数据

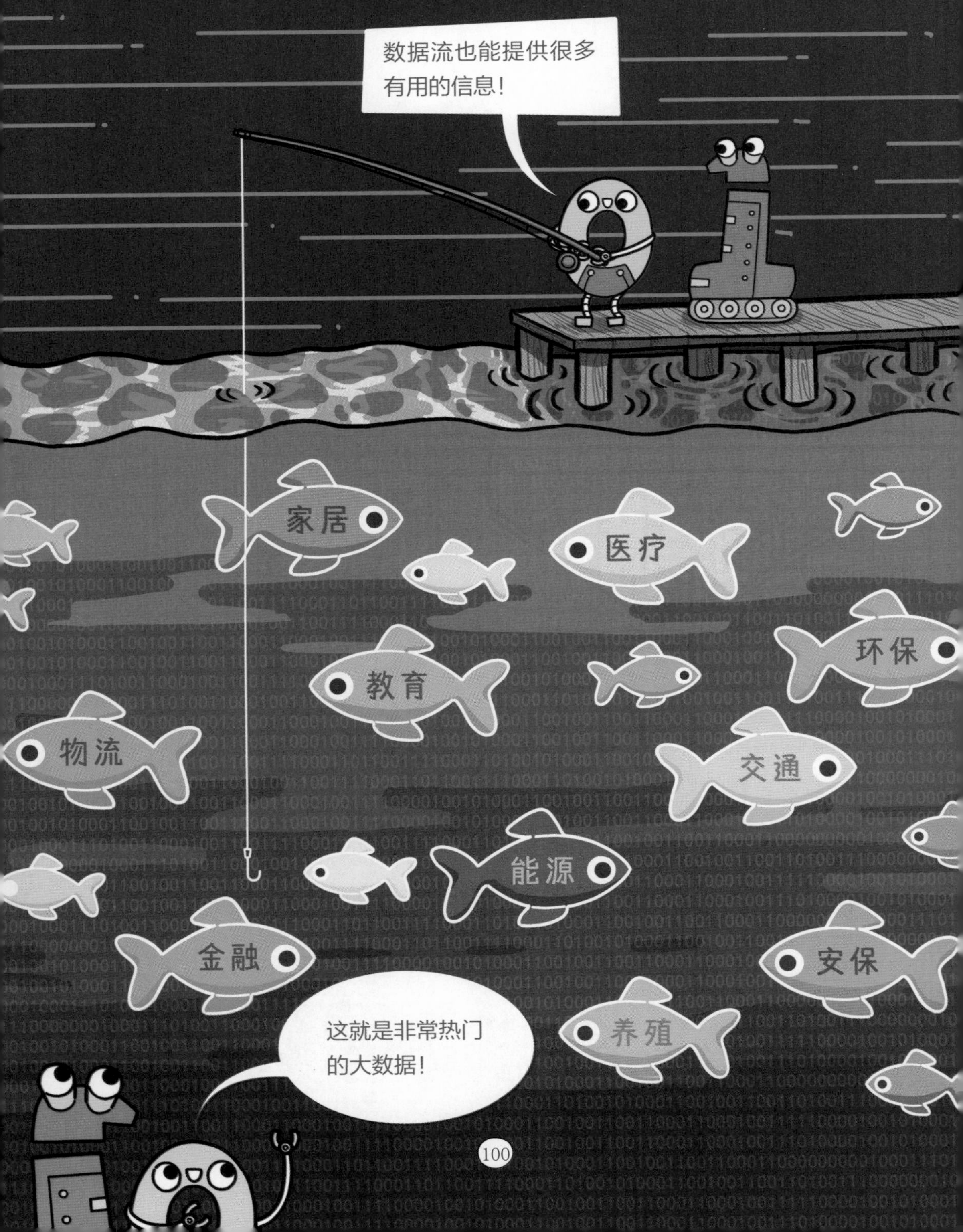

数据统计在计算机出现之前就是一项重要的工作。

数出不同颜色的糖果的数量，就是最简单的数据统计。

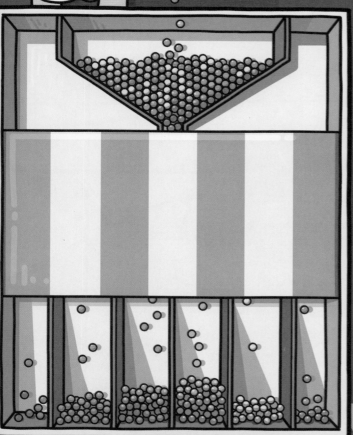

计算机的加入让数据统计的效率大大提升！

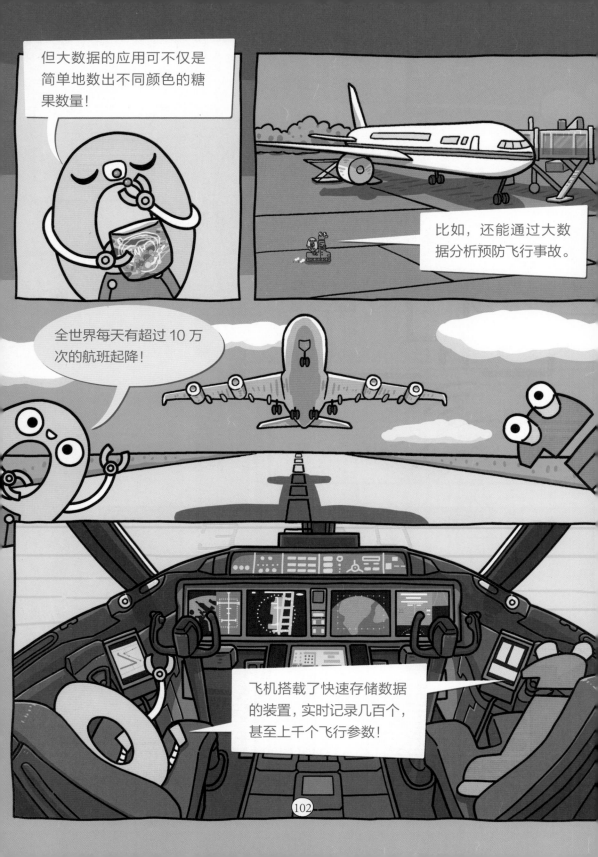

但大数据的应用可不仅是简单地数出不同颜色的糖果数量！

比如，还能通过大数据分析预防飞行事故。

全世界每天有超过 10 万次的航班起降！

飞机搭载了快速存储数据的装置，实时记录几百个，甚至上千个飞行参数！

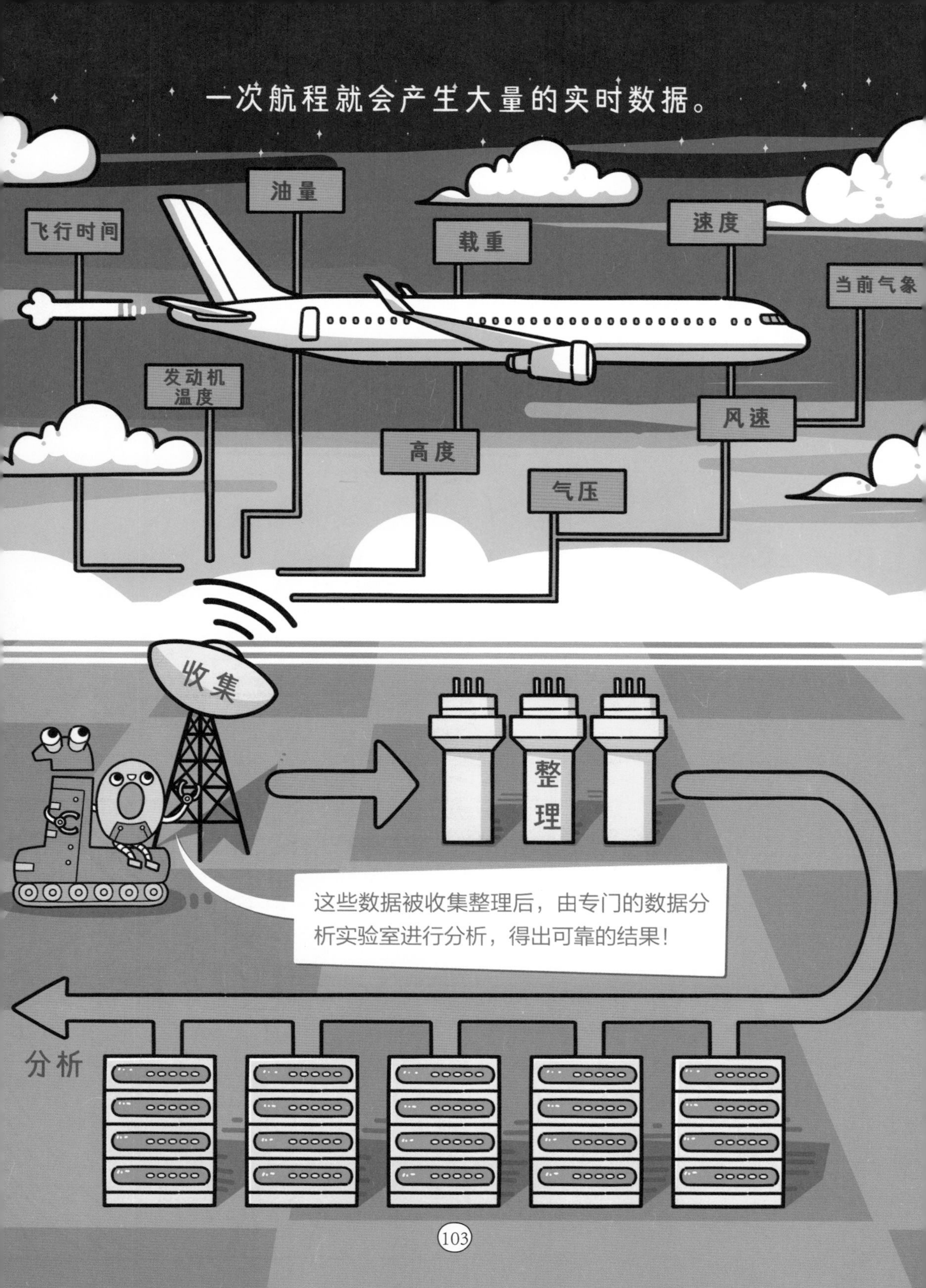

一次航程就会产生大量的实时数据。

飞行时间

油量

载重

速度

当前气象

发动机温度

高度

气压

风速

收集

整理

这些数据被收集整理后，由专门的数据分析实验室进行分析，得出可靠的结果！

分析

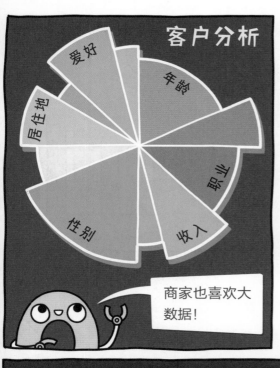

客户分析

爱好
年龄
居住地
职业
性别
收入

商家也喜欢大数据！

￥ 39.90

×××-××-××

颜色：

购买数量（库存：999 件） 1

比如，预测购物高峰期，便于提前准备库存。

点击率 66%

点击率 14%

运动耳机 ￥198
×1

购买

→ ♥你可能还喜欢←

×××—××

点击率会告诉商家哪种商品展示图更能吸引顾客。

还能进行关联推荐。

顾客购买了运动耳机，就有很大概率会买一双跑鞋！

大数据能为收集和存储大量信息提供便利。

但是不规范地使用大数据，会侵犯用户隐私，甚至对用户造成伤害！

嗬！

所以使用它需要受到严格的监督！

数据大海

表达信息的二进制数的位数会很多！所以需要各种计量单位。

1024KB 等于 1MB。

1MB

1024B 等于 1KB。

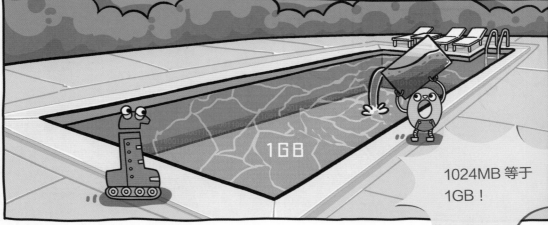

1GB

1024MB 等于 1GB！

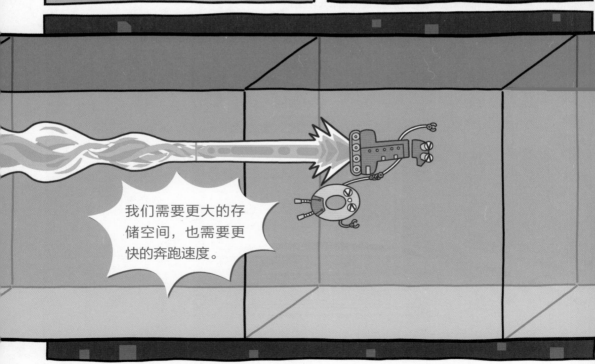

而分布式的云计算和云存储，给我们提供了更宽广的奔腾空间！

关于数据，还有……

二进制是怎么来的？

二进制是由德国数学家戈特弗里德·威廉·莱布尼茨在17世纪末提出的，只使用0和1来计数。后来，美籍匈牙利数学家约翰·冯·诺依曼将二进制引入了计算机领域。此后计算机和计算机相关的设备就都采用二进制，用0和1来表达各种信息。人们也习惯将用计算机存储和处理信息的过程称为"数码"或"数字化"。

1+1 ≠ 2？

在二进制中只有0和1，没有2，所以1+1并不等于2，而是需要进一位，变成10。在二进制的世界里，4=100，8=1000，是不是很神奇？

乱码是怎么出现的？

在文字转换中，一个字或一个符号跟一连串的0和1相互对应，这种方式被称为字符编码。中文、英文、俄文等不同种类的文字采用各自的字符编码方式。一种字符编码能表示的所有字符被称为字符集。将二进制数据转换为文字时如果使用了不恰当的字符集，就会出现乱码。

天网摄像头能从许多人脸中识别出罪犯的脸。

计算机还能完成很多不可思议的任务。

搜索一下　大象

大象图片

大象（哺乳纲动物）

大象（WILD FOR LIFE）

搜索引擎能从海量的网页中找出问题的答案。

1000000000 次 / 秒

人类的大脑算得可没有这么快！

现在的普通计算机每秒能完成上十亿次的计算。

那么，算法是怎样帮助计算机的呢？

一步一步来

120

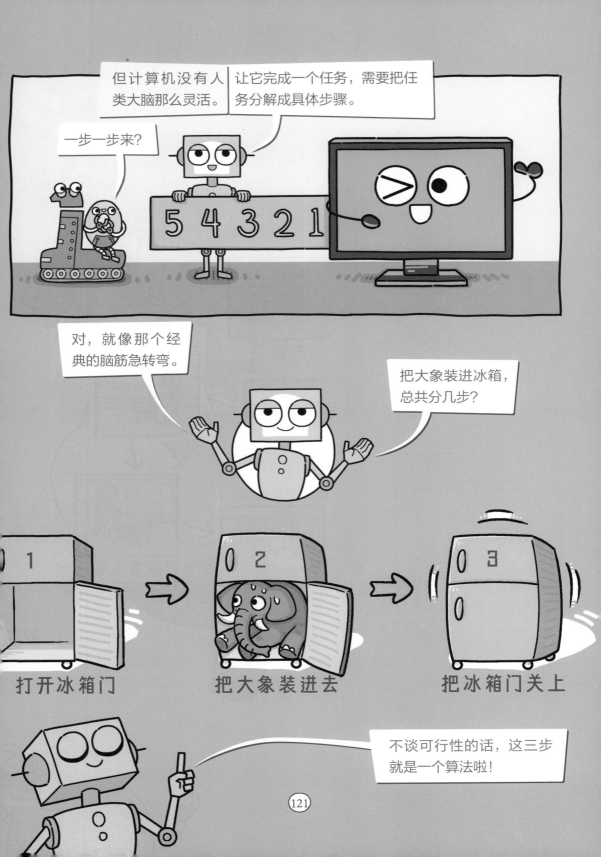

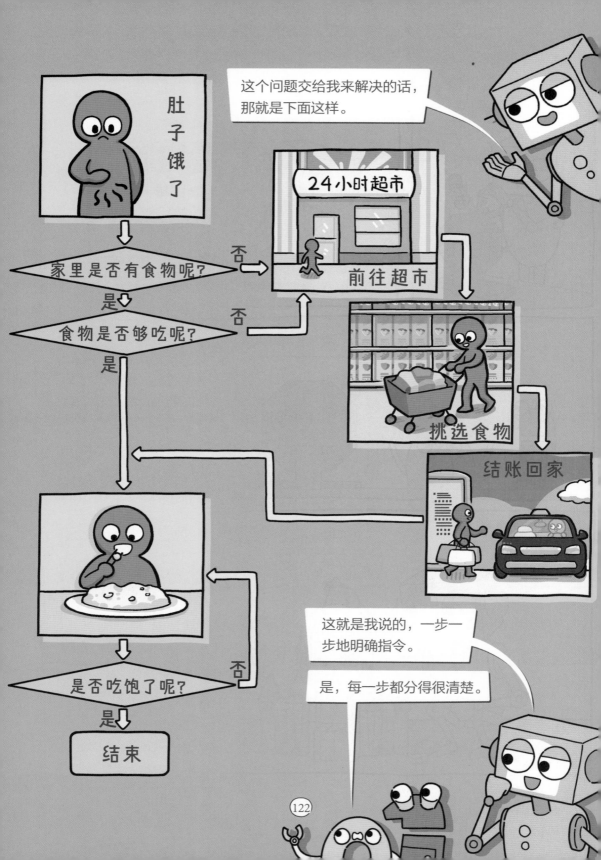

只要指令明确，计算机就能完美执行。

就像这个乘法器，输入的数字只会相乘。

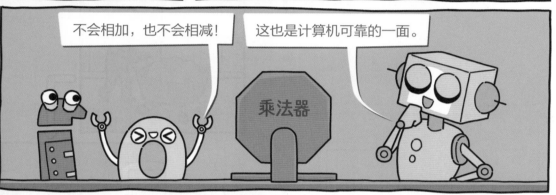
不会相加，也不会相减！

这也是计算机可靠的一面。

把明确的指令按顺序组合起来。

这就是算法！

正确的顺序对于我来说非常重要。

如果弄错了的话，

算法也就不成立啦！

哇啦

小朋友早上起床也有自己的一套流程。

起床

洗漱

换衣服

出门

整理书包

吃早饭

一种算法，多样表达

我的形式也非常多变，就像八音盒能够演奏出乐曲。

小提琴也可以。

计算机运行算法，就像照着乐谱演奏乐曲。

编程就是把"乐曲"变成"乐谱"！

从大到小排排坐

来试试最简单的算法，把这组数字按从大到小的顺序排列。

这个简单！先挑出最大的，就是 5，把 5 放到最前面，再找第二大的！一直到最小的 1！

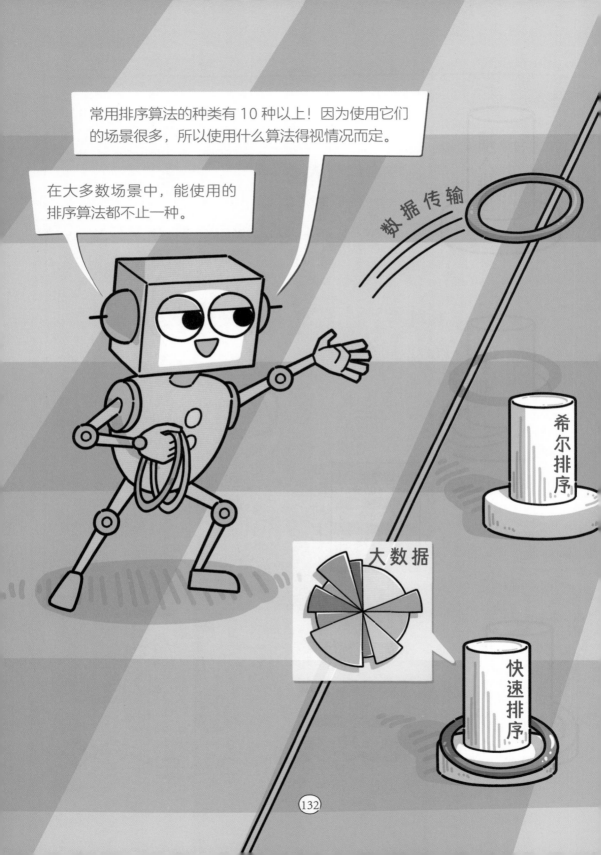

插入排序

购物价格

按价格 ▽

 ¥50 购买

¥100 购买

¥150 购买

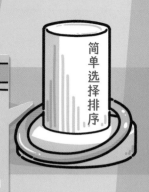

简单选择排序

计数排序

冒泡排序

成绩排名

成绩单		
小红	100分	1
小明	99分	2
小周	98分	3
小赵	97分	4
小李	96分	5
小王	95分	6

文件管理

热门搜索

堆排序

搜索 胡萝卜

归并排序

找一找

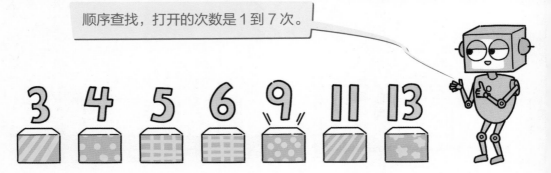

数据要整理

请找出 2 支红色蜡笔、1 个熊猫布偶、3 本图画册！

有序数据

无序数据

算法的运行过程跟找东西相似，按需求整理的数据能保证算法顺利、高效地运行。

这种配合算法的数据存储方式，就叫作数据结构。

算法不同，对应的数据结构也不一样。

进行路径规划，可以使用图结构。

图结构

让用户快速登录网站的算法，一般使用散列表的数据结构。

用户名
安娜
橙橙
小朵
小白
雪儿
可可

登录口令

映射函数

散列表

用户名：
安娜
密码：
****
登录

所以我跟数据结构密不可分，就像建筑图纸和建筑材料一样。

省时间，省空间

细心一些的话，日常生活里很多地方都能发现我的影子。

比如说？

电梯运行时，处理不同楼层的请求，就是一种算法。

网约车软件给司机分派订单也是！

搜索　动画片

视频软件的首页推荐，也是根据算法来呈现的。

没错，按顺序累加的话，你需要做 99 次加法。

101 乘 50，最后得到的结果就是 5050！

但是按高斯算法，就只用一次加法、一次除法和一次乘法！

所有的等差数列求和，都可以使用这种方法。

发展你的数学脑

其实算法的核心，就是用数学思维来解决具体的问题。

比如指纹识别！

就是把手指纹路的各个点位特征转换为数字，再来进行运算。

这样的话，计算机能处理的问题就变多了！

除了指纹，还可以识别人脸、声音和地形等。

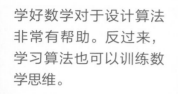

学好数学对于设计算法非常有帮助。反过来，学习算法也可以训练数学思维。

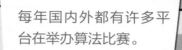

每年国内外都有许多平台在举办算法比赛。

比如全国青少年信息学奥林匹克竞赛。

还有专门为小学生举办的算法竞赛呢。

好厉害的小学生！

关于算法，还有……

算法有哪些要素？

算法的要素包括确切性、输入项、输出项、可行性和有穷性等。想要计算机帮忙计算，首先要给它需要计算的数据，这就是输入项。而计算机计算出来的结果，就是输出项。计算机目前还没有那么聪明，所以它只能接收非常明确的指令，这就是算法的确切性。这些指令必须是有意义而且可执行的，这就是算法的可行性。同时，这些指令也需要有明确的起始和终结，不能没完没了，给不出结果，这就是算法的有穷性。

什么是算法？

按字面意思理解，"算法"就是计算方法。在计算机科学领域，算法的意义是让计算机解决一个个特定的问题，比如排序、寻找最短路径或是给网页加密等。计算机需要通过一系列明确的指令来完成这些任务，这一系列明确的指令，就是算法。

作者团队

米莱童书 | 米莱童书
启育孩子的未来

由国内多位资深童书编辑、插画家组成的原创童书研发平台，2019"中国好书"大奖得主、桂冠童书得主、中国出版"原动力"大奖得主。是中国新闻出版业科技与标准重点实验室（跨领域综合方向）授牌的中国青少年科普内容研发与推广基地，曾多次获得省部级嘉奖和国家级动漫产品大奖荣誉。团队致力于对传统童书阅读进行内容与形式的升级迭代，开发一流原创童书作品，使其更加适应当代中国家庭的阅读需求与学习需求。

策 划 人： 周 葛 刘润东

创作编辑： 陈景熙

统筹编辑： 徐其梅 陈景熙

指导专家： 郑纬民

中国工程院院士，清华大学计算机系教授，中国计算机学会原理事长，数博会专家咨询委员会委员，何梁何利基金科学与技术进步奖获得者，中国存储终身成就奖获得者。长期从事计算机系统结构、大规模数据存储、高性能计算等领域的科研教学工作。获国家科技进步奖一等奖 1 次，获国家科技进步奖二等奖 2 次，获国家技术发明奖二等奖 1 次。

赵昊翔

南京大学计算机系硕士，硅谷著名 IT 公司技术经理。

绘 画 组： 杨 子 周恩玉 范小雨

美术设计： 张立佳 刘雅宁 马司雯 汪芝灵

图书在版编目（CIP）数据

孩子也能懂的计算机科学 / 米莱童书著绘. —— 北京:
北京理工大学出版社, 2024.4
（启航吧知识号）
ISBN 978–7–5763–3417–3

Ⅰ.①孩… Ⅱ.①米… Ⅲ.①计算机科学—少儿读物
Ⅳ.①TP3–49

中国国家版本馆CIP数据核字(2024)第011923号

出版发行 / 北京理工大学出版社有限责任公司
社　　　址 / 北京市丰台区四合庄路 6 号
邮　　　编 / 100070
电　　　话 / （010）82563891（童书售后服务热线）
网　　　址 / http://www.bitpress.com.cn
经　　　销 / 全国各地新华书店
印　　　刷 / 北京尚唐印刷包装有限公司
开　　　本 / 710毫米×1000毫米　1 / 16
印　　　张 / 9.5　　　　　　　　　　　　　责任编辑 / 张　　萌
字　　　数 / 250千字　　　　　　　　　　　文案编辑 / 徐艳君
版　　　次 / 2024年4月第1版　2024年4月第1次印刷　责任校对 / 刘亚男
定　　　价 / 38.00元　　　　　　　　　　　责任印制 / 王美丽